微腌渍

随手就能带走的腌菜

郑颖 主编

黑龙江科学技术出版社
HEILONGJIANG SCIENCE AND TECHNOLOGY PRESS

图书在版编目(CIP)数据

微腌渍:随手就能带走的腌菜 / 郑颖主编. -- 哈
尔滨:黑龙江科学技术出版社,2019.1
ISBN 978-7-5388-9897-2

Ⅰ.①微… Ⅱ.①郑… Ⅲ.①腌菜—菜谱 Ⅳ.
① TS972.121

中国版本图书馆 CIP 数据核字 (2018) 第 264227 号

微腌渍:随手就能带走的腌菜
WEI YANZI:SUISHOU JIU NENG DAIZOU DE YANCAI

作　　者	郑　颖
项目总监	薛方闻
责任编辑	宋秋颖
策　　划	深圳市金版文化发展股份有限公司
封面设计	深圳市金版文化发展股份有限公司
出　　版	黑龙江科学技术出版社
	地址:哈尔滨市南岗区公安街 70-2 号　邮编:150007
	电话:(0451) 53642106　传真:(0451) 53642143
	网址:www.lkcbs.cn
发　　行	全国新华书店
印　　刷	深圳市雅佳图印刷有限公司
开　　本	720 mm×1020 mm　1/16
印　　张	8
字　　数	150 千字
版　　次	2019 年 1 月第 1 版
印　　次	2019 年 1 月第 1 次印刷
书　　号	ISBN 978-7-5388-9897-2
定　　价	39.80 元

【版权所有,请勿翻印、转载】

本社常年法律顾问:黑龙江大地律师事务所 计军 张春雨

Part 1 保鲜袋快速腌菜

Part 2 风味各异的简单腌菜

Part 1
保鲜袋
快速腌菜

想吃当季的新鲜蔬菜，
又苦于没时间天天做饭，
学会了保鲜袋快速腌菜，
就能天天享用当季美味。
让"没时间吃菜"成为过去式！

本书所用分量：

1小匙 = 5克或5毫升

1大匙 = 15克或15毫升

1杯 = 250毫升

常用调味料

盐

　　腌渍用的盐包括粗盐和细盐（即平时的食用盐）。水分含量高的蔬菜，如黄瓜、白萝卜等先用粗盐腌渍片刻，再洗净沥干，这样制成的腌菜口感更清脆，保存时间也更长。细盐杂质较少，但经过加工后有些微量元素被去除了，更适合制作各类腌菜汁。

醋

　　醋是制作腌菜的核心调料之一，能延长腌菜的保存期限。一般来说，醋中以酿造醋的味道和香气最佳，酿造醋包括陈醋、香醋、米醋等。腌渍花生米、蒜等难入味的蔬菜适宜用陈醋。米醋常和砂糖一起调出酸甜的口感。水果醋的香气和味道则较为浓郁。

酱油

　　酱油属于酿造类调味品，具有独特的酱香，能为食材增加咸味，并增强食材的鲜美度。酱油分为生抽和老抽，腌菜时常用的是生抽。生抽的味道较咸，可用于提鲜；老抽味道较淡，但颜色很深，可用于提色。

砂糖

　　砂糖是指甘蔗汁经过太阳暴晒后而成的固体原始蔗糖，分为白砂糖和赤砂糖两种。白砂糖是精炼过的，赤砂糖则未经过精炼，因而含有较多的营养素。各种砂糖的颗粒大小不尽相同，有些砂糖不易溶于水，如果要制作不需加热的腌菜汁，最好选用白砂糖。

黄豆酱

黄豆酱又称大豆酱、豆酱，咸甜适口，具有浓郁的酱香，可用于制作酱香风味的腌菜，具有开胃助食的功效。除了味道独特，黄豆酱还含有蛋白质、脂肪、维生素、钙、磷、铁等，这些都是人体不可缺少的营养成分。

米酒

米酒又叫酒酿、甜酒，是用蒸熟的糯米拌上酒曲发酵而成的。米酒的口味香甜醇美，酒精含量低，而且本身就含有大量酵母菌，因此制作出的腌菜风味独特。最简单的方法，就是在腌菜的过程中，用米酒代替水。

辣椒

辣椒是腌菜辣味的来源，可以使用新鲜的朝天椒，也可以使用干辣椒、剁椒等加工过的辣椒。新鲜辣椒的辣味比较清爽，加工过的辣椒则辣味较为浓郁，令人回味。如果对腌菜的品相要求较高，可以在使用前将辣椒子去掉。

芥末

芥末具有强烈的刺激性气味和清爽的味觉感受，可刺激唾液和胃液的分泌，能增强食欲。其中绿芥末较为辛辣，多用于日本料理。黄芥末源于中国，是用芥菜的种子研磨而成的，口感偏柔和，大部分人都能接受，在腌菜时不妨选择黄芥末。

容器和工具

保鲜袋

　　想要省时省力地制作腌菜，保鲜袋是必不可少的工具之一。它具有易密封、易冷藏、易揉捏、易携带等诸多适用于腌菜制作的优点。首先，保鲜袋比一般的保鲜盒的密封性更好，轻轻松松就能完全排出袋中的空气。其次，用手隔袋直接揉捏就可以将食材与调味料充分混合，干净卫生，操作方便。如果想要将做好的腌菜外带，不用转换容器，直接携带保鲜袋即可，更能节省空间。为了方便操作、防止破损，请务必选择质地厚实、具有密封条的食品级保鲜袋。

密封玻璃罐

　　除了保鲜袋，利用密封玻璃罐也可以快速制作和贮存腌菜，尤其适合制作需要倒入热的腌菜汁的腌菜。玻璃的性能稳定，没有任何异味，无论在高温还是低温环境下，抑或是接触酸、碱，都不会释放出有毒物质，可以放心使用。只要选择一个大小合适的玻璃罐，外出携带也绝非难事。需要注意的是，玻璃罐在使用前要充分消毒，可将其放在沸水中煮10分钟，或者用食用级的酒精进行喷洒消毒，然后充分晾干，瓶壁上和瓶盖内不能有油、水残留。

搅拌工具

在制作腌菜的过程中，经常需要将切好的菜与调味料充分混合均匀，这时需要选择一些得心应手的搅拌工具。用于拌菜的碗或盆容量一定要够大，这样才能充分搅拌均匀，让调味料充分渗透进食材中。最好选择玻璃材质的器皿，这样容易看出食材析出了多少水分，滤掉水分时也较为方便。搅拌工具可以选择不锈钢长柄勺、木勺或者橡胶刮刀，也可以直接用洗净且干燥的手进行搅拌，或者戴上一次性手套之后搅拌。

加热工具

如果要事先将各种调味料制成腌菜汁，则需要将调味料加水混合后进行煮沸。通过煮沸，既能杀灭生水中的细菌，防止腌菜腐坏变质；又能充分释放出调味料的香味及营养物质，使蔬菜更容易入味。煮腌菜汁的锅不可使用平时炒菜的锅，最好选择没有沾过油的奶锅或汤锅，或者是能够将其内壁的油分充分洗净的不锈钢锅。用于搅拌的汤勺也要充分洗净。此外，最好选择侧边有导流口（尖嘴）的奶锅，这样方便倾倒液体，可以直接将煮好的腌菜汁倒入玻璃罐中，密封保存，避免二次污染。

盐的用法

新鲜蔬菜加盐，可以起到去除水分、防腐等作用，同时可改变其酸碱度，有利于发酵微生物的繁殖，促成腌菜风味的改变。盐的使用方法不同，其功能的发挥和腌菜的风味也会有些许不同。

★撒盐

直接在食材上撒盐是最常用的方法。这种手法可以让盐均匀分布在食材上，经过一段时间的放置，既能去除菜中的水分，又能起到较好的防腐作用。

★泡盐水

对于质地较硬的蔬菜，泡盐水能够让食材变软，同时不损伤蔬菜的纤维和口感，加速食材后期入味和发酵的过程。

★搓盐

对于质地较厚实的根类蔬菜，如白萝卜、胡萝卜、山药等，可以先将其切成条状或丝状再用盐搓，3~4小时之后即可去除多余水分，软化纤维，并能达到防腐效果。

★在保鲜袋中上下摇晃

若想快速制作腌菜，可以将食材放进保鲜袋中，撒入盐之后上下摇晃，这样既能快速去除食材中的水分，又能达到软化、入味的效果。

制作要点

1.快速制作腌菜，盐的分量为
   蔬菜重量的 2%~3%

　　腌菜的品质和味道好不好，在很大程度上取决于所添加的盐的分量。如果盐添加得合适，不仅能使腌菜不易腐坏变质，而且能令腌菜的口感清脆，味道适口。一般来说，在快速制作保鲜袋腌菜时，可以按照洗切之后的蔬菜重量的2%~3%这一比例来添加盐。例如，如果已经洗切好并装入保鲜袋的蔬菜为500克，那么添加10~15克的盐较为适宜。

2. 腌菜的不同阶段，防变质方法不同

　　在制作瓶装或罐装腌菜时，把腌菜汁全部倒入容器中之后，立即盖严盖子，并倒置储存。如果是热的腌菜汁，可以在盖严盖子之后，在室温下冷却，然后倒置放入冰箱，这样可以防止空气从瓶口的缝隙中进入容器，从而防止腌菜变质。腌渍蔬菜一旦开盖食用之后，就不宜再倒置储存了，因为容器内的压力不够大，腌菜汁容易流出。用大罐子储存的腌菜，在食用一段时间之后可以将剩余的菜转移到小罐子中，以减少容器中的氧气量，同样有利于防止变质。

3. 添加维生素 C，让自制腌菜更安心

　　维生素C是一种抗氧化剂，能有效抑菌，而且可以阻断蔬果发酵过程中形成的亚硝酸盐，有一定的抗癌作用。可以在腌渍蔬菜时加入一片维生素C，也可以加入一些富含天然维生素C的食材，如柠檬、辣椒、山楂等。

盐曲腌黄灯笼椒

利用盐曲析出蔬菜中的水分，提升味道

🕐 腌渍时间：2~3 小时　　📦 保存时间：冷藏 1~2 天

| 材料 |

黄灯笼椒……1 个（150 克）
盐曲……1 大匙

| 制作方法 |

1. 灯笼椒横着切成两半，去掉子和蒂，竖着切成 4 等份，再横着切成小块。

2. 将切好的灯笼椒装入带有密封条的保鲜袋中，加入盐曲。

3. 为了让盐曲分布均匀，隔着袋子轻轻地揉，挤出空气后密封起来。

4. 腌 2~3 小时，沥干水分后装盘。

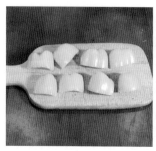

盐曲的做法

取 200 克干燥米曲放入密封容器中。在 200 毫升水中加入 50 克盐，溶化后倒入米曲中，松盖盖子，每天搅拌一次，静置一周即成。

酱油曲腌菜心

具有凉拌菜的风味，散发春天的香气

🕐 腌渍时间：4~5 小时　　📕 保存时间：冷藏 2~3 天

| 材料 |

菜心……1把（200克）
酱油曲……1.5 大匙

| 制作方法 |

1.菜心切成3~4厘米的长段。茎的部分用热水煮10秒左右，接着加入叶的部分快速烫一下，捞出，冷却后挤干水分。

2.将菜心装入带有密封条的保鲜袋中，加入酱油曲。

3.为了让酱油曲分布均匀，隔着袋子轻轻地揉，挤出空气后密封起来。

4.腌 4~5 小时，轻轻挤干水分后装盘。

酱油曲的做法

　　取 200 克干燥米曲放入密封容器中，加入 300 毫升酱油，松盖盖子，每天搅拌一次，常温下静置一周即成。

盐曲腌芦笋

芦笋的清香搭配盐曲香，相得益彰

🕐 腌渍时间：1 小时　　📦 保存时间：冷藏 1~2 天

| 材料 |

嫩芦笋……1 把（200 克）
盐曲……1.5 大匙

| 制作方法 |

1. 芦笋切去粗老的根部（切去约 5 厘米的长度），再将剩下的部分切成 4~5 等份，下入沸水中，煮至断生，捞出，冷却后挤干水分。

2. 将处理好的芦笋装入带有密封条的保鲜袋中，加入盐曲。

3. 为了让盐曲分布均匀，隔着袋子轻轻地揉，挤出空气后密封起来。

4. 腌 1 小时，沥干水分后装盘。

No.04

盐曲腌西蓝花

快速就能吃到的腌渍蔬菜

🕐 腌渍时间：1 小时　　📦 保存时间：冷藏 1~2 天

| 材料 |

西蓝花……1/2 棵（200 克）
盐曲……1.5 大匙

| 制作方法 |

1. 将西蓝花切成小朵，茎的部分切成 0.5 厘米宽的片，一起下入沸水中，煮至断生，捞出，冷却后挤干水分。

2. 将处理好的西蓝花装入带有密封条的保鲜袋中，加入盐曲。

3. 为了让盐曲分布均匀，隔着袋子轻轻地揉，挤出空气后密封起来。

4. 腌 1 小时，轻轻挤干水分后装盘。

No.05

酱油曲腌山药

用酱油曲为蔬菜增加咸鲜味

⏱ 腌渍时间：4~5 小时　　🗄 保存时间：冷藏 3~4 天

| 材料 |

山药……200 克
酱油曲……1.5 大匙

| 制作方法 |

1. 山药去皮，切成与保鲜袋差不多宽的长段。

2. 将切好的山药放入保鲜袋中，加入酱油曲。

3. 为了让酱油曲分布均匀，隔着袋子轻轻地揉，挤出空气后密封起来。

4. 腌 4~5 小时，取出腌好的山药，切成 1 厘米厚的片，装盘即可。

No.06

酱油曲腌蟹味菇

菌菇也能做腌菜，且营养丰富

腌渍时间：2~3 小时　　保存时间：冷藏 3~4 天

| 材料 |

蟹味菇……1 盒（200 克）
酱油曲……1 大匙

| 制作方法 |

1. 蟹味菇切去根部，再用手掰成小朵，下入沸水中，煮约 2 分钟，捞出，冷却后挤干水分。

2. 将处理好的蟹味菇装入带有密封条的保鲜袋中，加入酱油曲。

3. 为了让酱油曲分布均匀，隔着袋子轻轻地揉，挤出空气后密封起来。

4. 腌 2~3 小时，轻轻挤干水分后装盘。

酱油曲腌圣女果

圣女果天然美味，简单搭配就很美味

🕐 腌渍时间：1 小时　　🗄 保存时间：冷藏 1~2 天

| 材料 |

圣女果……1 大把（200 克）
酱油曲……1.5 大匙

| 制作方法 |

1. 将圣女果蒂头的部分挖去。

2. 将处理好的圣女果装入带有密封条的保鲜袋中，加入酱油曲。

3. 为了让酱油曲分布均匀，隔着袋子轻轻地揉，挤出空气后密封起来。

4. 腌 1 小时，取出装盘。

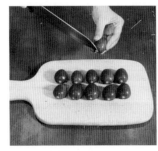  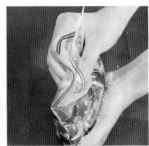

酱油曲腌秋葵

秋葵的最佳吃法，营养不流失

🕐 腌渍时间：1 小时　　🗄 保存时间：冷藏 1 天

| 材料 |

秋葵……1 袋（80 克）
酱油曲……1.5 大匙
盐……少许

| 制作方法 |

1. 锅中加适量清水煮沸，放入少许盐，再倒入秋葵，焯煮至断生，捞出，冷却后挤干水分。

2. 将处理好的秋葵放入保鲜袋中，加入酱油曲。

3. 为了让酱油曲分布均匀，隔着袋子轻轻地揉，挤出空气后密封起来。

4. 腌 1 小时，取出腌好的秋葵，斜切成小段，装盘即可。

柠檬酸奶腌山药

酸酸甜甜的味道，夏日少不了

🕐 腌渍时间：4~5 小时　　🗄 保存时间：冷藏 2~3 天

| 材料 |

脆山药……200 克
酸奶……3 大匙
柠檬汁……1 小匙
盐……2/3 小匙

| 制作方法 |

1. 山药去皮，切成与保鲜袋差不多宽的长段，再纵切成两半（如果山药很粗可再纵切一次）。

2. 将切好的山药放入保鲜袋中，加入盐、柠檬汁、酸奶。

3. 为了让调味料分布均匀，隔着袋子轻轻地揉，挤出空气后密封起来。

4. 腌渍 4~5 小时，轻轻沥干水分后切成稍短的段，装盘即可。

盐酸奶腌卷心菜

用酸奶充当沙拉酱，健康美味

⏱ 腌渍时间：3~4 小时　　🗄 保存时间：冷藏 2~3 天

| 材料 |

卷心菜……200 克
酸奶……4 大匙
盐……1 小匙

| 制作方法 |

1. 将卷心菜纵切成 4~6 等份，用手撕开。

2. 将处理好的卷心菜放入保鲜袋中，加入盐、酸奶。

3. 隔着袋子轻轻揉搓，使调味料与食材充分混合，然后挤出所有空气，密封起来。

4. 腌渍 1 小时后，打开袋子，倒出袋内的水分。

5. 挤出袋内的空气后密封，继续腌渍 2~3 小时，轻轻挤干水分，装盘即可。

酸奶豆酱腌牛油果

为牛油果添加独特的酱香

🕐 腌渍时间：4~5 小时　　📁 保存时间：冷藏 1~2 天

| 材料 |

牛油果……1 个（200 克）

酸奶……3 大匙

黄豆酱……2 大匙

| 制作方法 |

1. 牛油果对切成两半，去掉核、皮。

2. 将切好的牛油果放入保鲜袋中，加入酸奶、黄豆酱。

3. 隔着袋子轻轻揉搓，使调味料与食材充分混合，然后挤出所有空气，密封起来。

4. 腌渍 4~5 小时，取出牛油果，切成 1 厘米左右的厚片，装盘即可。

酸奶豆酱腌西葫芦

微甜清脆的西葫芦，这样吃才过瘾

🕐 腌渍时间：4~5 小时　　📦 保存时间：冷藏 3~4 天

| 材料 |

西葫芦……200 克
酸奶……3 大匙
黄豆酱……2 大匙

| 制作方法 |

1. 西葫芦纵切成两半。

2. 将切好的西葫芦放入保鲜袋中，加入酸奶、黄豆酱。

3. 隔着袋子轻轻揉搓，使调味料与食材充分混合，然后挤出所有空气，密封起来。

4. 腌渍 4~5 小时，取出西葫芦，切成滚刀块，装盘即可。

 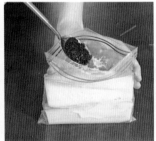 

酒糟腌黄瓜

甜酒糟不仅好吃，也是做腌菜的法宝

🕐 腌渍时间：4~5 小时 　　🗄 保存时间：冷藏 2~3 天

| 材料 |

黄瓜……1 根（200 克）
甜酒糟……1.5 大匙
盐……1 小匙

| 制作方法 |

1. 黄瓜切去头尾两端，然后等分成与保鲜袋差不多宽的长段。

2. 将切好的黄瓜放入保鲜袋中，加入盐、甜酒糟。

3. 隔着袋子轻轻揉搓，使调味料与食材充分混合，然后挤出所有空气，密封起来。

4. 腌 4~5 小时，取出黄瓜，切成 2~3 厘米长的小段，装盘即可。

酒糟腌冬瓜

用冬瓜做腌菜，美味不输黄瓜

🕐 腌渍时间：2 天　　🧊 保存时间：冷藏 3~4 天

| 材料 |

冬瓜……200 克
甜酒糟……1.5 大匙
盐……2/3 小匙

| 制作方法 |

1. 将冬瓜连皮一起切成小块，下入沸水中焯煮片刻，捞出，沥干水分。

2. 将处理好的冬瓜放入保鲜袋中，加入盐，隔着袋子轻轻揉搓，使盐与食材充分混合。

3. 腌渍 30 分钟后，倒出袋中的水分，再加入甜酒糟。

4. 隔着袋子轻轻揉搓片刻，然后挤出所有空气，密封起来。

5. 腌渍 2 天后，将冬瓜取出装盘即可。

酒糟千岛酱腌西芹

经过甜酒糟腌渍，西芹不再"苦苦的"

🕐 腌渍时间：1天　　🗄 保存时间：冷藏 2~3 天

| 材料 |

西芹……2 根（200 克）

甜酒糟……3 大匙

千岛酱……1.5 大匙

盐……2/3 小匙

| 制作方法 |

1. 西芹撕去老筋，切成与保鲜袋差不多宽的长段，太粗的部分对半纵切开。

2. 将切好的西芹放入保鲜袋中，加入盐、甜酒糟、千岛酱。

3. 隔着袋子轻轻揉搓，使调味料与食材充分混合，然后挤出所有空气，密封起来。

4. 腌渍 1 天后，轻轻挤干水分，将西芹斜切成 1 厘米左右的片，装盘即可。

酒糟豆酱腌萝卜

酒糟加黄豆酱，让味道不再单调

🕐 腌渍时间：4~5 小时　　🗄 保存时间：冷藏 1 周

| 材料 |

白萝卜……200 克
甜酒糟……2 大匙
黄豆酱……1 大匙
盐……1/4 小匙
白砂糖……1/2 大匙

| 制作方法 |

1. 白萝卜去皮，切成 1 厘米厚的圆片。

2. 将切好的白萝卜放入保鲜袋中，加入盐、白砂糖、甜酒糟、黄豆酱。

3. 隔着袋子轻轻揉搓，使调味料与食材充分混合，然后挤出所有空气，密封起来。

4. 腌渍 4~5 小时，轻轻挤干水分，将白萝卜切成扇形片，装盘即可。

No.17

甜酒腌卷心菜

甜甜的卷心菜，透着淡淡的酒香

🕐 腌渍时间: 3~4 小时　　🗄 保存时间: 冷藏 3~4 天

| 材料 |

卷心菜……200 克
甜酒……2 大匙
盐……1 小匙

| 制作方法 |

1. 将卷心菜纵切成 4~6 等份，用手撕开。

2. 将切好的卷心菜放入保鲜袋中，加入盐。

3. 隔着袋子轻轻揉搓，使盐与食材充分混合，然后挤出所有空气，密封起来。

4. 腌渍 1 小时后，倒出袋内的水分，再加入甜酒，挤出空气，密封。

5. 继续腌渍 2~3 小时，轻轻挤干水分后装盘。

甜酒腌娃娃菜

先用盐杀出菜中的水分，再腌渍，更入味

🕐 腌渍时间：3~4 小时　　🗄 保存时间：冷藏 3~4 天

| 材料 |

娃娃菜……200 克
甜酒……2 大匙
盐……1 小匙

| 制作方法 |

1. 娃娃菜对半纵切开，再横切成 3~4 厘米长的段。

2. 将切好的娃娃菜放入保鲜袋中，加入盐。

3. 隔着袋子轻轻揉搓，使盐与食材充分混合，然后挤出所有空气，密封起来。

4. 腌渍 1 小时后，倒出袋内的水分，再加入甜酒，挤出空气，密封。

5. 继续腌渍 2~3 小时，轻轻挤干水分后装盘。

甜酒腌樱桃萝卜

用甜酒缓冲樱桃萝卜的辛辣，孩子也爱吃

🕐 腌渍时间：3~4 小时　　📱 保存时间：冷藏 2~3 天

| 材料 |

樱桃萝卜……200 克
甜酒……2 大匙
盐……1 小匙

| 制作方法 |

1.樱桃萝卜切去蒂头和底部，然后对半切开。

2.将切好的樱桃萝卜放入保鲜袋中，加入盐。

3.隔着袋子轻轻揉搓，使盐与食材充分混合，然后挤出所有空气，密封起来。

4.腌渍 1 小时后，倒出袋内的水分，再加入甜酒，挤出空气，密封。

5.继续腌渍 2~3 小时，轻轻挤干水分后装盘。

甜酒醋腌花菜

甜酒加醋，与花菜味道很搭配

⊙ 腌渍时间：4~5 小时　　🗄 保存时间：冷藏 3~4 天

| 材料 |

花菜……1/2 棵（200 克）
甜酒……2 大匙
米醋……2 小匙
盐……2/3 小匙

| 制作方法 |

1. 花菜切去粗老的茎部，再分成小朵。

2. 锅中倒入适量清水烧开，放入切好的花菜，焯煮约 2 分钟，捞出，沥干水分。

3. 将凉凉的花菜放入保鲜袋中，加入盐、甜酒、米醋。

4. 隔着袋子轻轻揉搓，使调味料与食材充分混合，然后挤出所有空气，密封起来。

5. 腌渍 4~5 小时，控干水分后装盘。

多味腌白菜

白菜这样腌才够味

🕐 腌渍时间：40 分钟至 1 小时　　📅 保存时间：冷藏 2~3 天

| 材料 |

大白菜……400 克
香菜……10 克
大蒜……15 克
花椒……5 克
盐……1.5 小匙

| 制作方法 |

1. 大白菜切去根部，再切成小片。

2. 大蒜切片，香菜切成 1 厘米长的段。

3. 将大白菜放入保鲜袋中，加入香菜段、蒜片、花椒、盐。

4. 隔着袋子轻轻揉搓，使调味料与食材充分混合，然后挤出所有空气，密封起来。

5. 腌渍 40 分钟至 1 小时，轻轻挤干水分后装盘。

紫苏腌白菜

用紫苏中和白菜的寒性

🕐 腌渍时间：40 分钟至 1 小时　　📦 保存时间：冷藏 2~3 天

| 材料 |

大白菜……400 克
紫苏叶……6~7 片
盐……1.5 小匙

| 制作方法 |

1. 大白菜切去根部，再切成丝。

2. 紫苏叶切丝，或者用手撕碎。

3. 将大白菜放入保鲜袋中，加入紫苏叶、盐。

4. 隔着袋子轻轻揉搓，使调味料与食材充分混合，然后挤出所有空气，密封起来。

5. 腌渍 40 分钟至 1 小时，轻轻挤干水分后装盘。

子姜腌黄瓜

这样做腌菜，"夏吃姜"不再难

⏱ 腌渍时间：1 小时　　📁 保存时间：冷藏 2~3 天

| 材料 |

子姜……1 块（20 克）
黄瓜……1 根（200 克）
米醋……2 小匙
白砂糖……1/2 大匙
盐……1.5 小匙

| 制作方法 |

1. 黄瓜切成 2~3 厘米长的段。子姜切成 0.5 厘米厚的薄片。

2. 将切好的黄瓜、子姜放入保鲜袋中，加入盐、白砂糖、米醋。

3. 隔着袋子轻轻揉搓，使调味料与食材充分混合，然后挤出所有空气，密封起来。

4. 腌渍 1 小时，控干水分后装盘。

酱香腌黄瓜

比直接蘸酱吃更过瘾

🕐 腌渍时间：1 小时　　🗄 保存时间：冷藏 1~2 天

| 材料 |

小黄瓜……2 根（200 克）
黄豆酱……1 大匙
辣椒粉……2 克
盐……1/2 小匙

| 制作方法 |

1. 小黄瓜去掉头尾两端，纵切成 4 等份，再横着切成等长的 2 段。

2. 将切好的黄瓜放入保鲜袋中，加入盐。

3. 隔着袋子轻轻揉搓，使盐与食材充分混合，然后挤出所有空气，密封起来。

4. 腌渍 30 分钟后，倒出袋内的水，再加入黄豆酱、辣椒粉，揉搓片刻。

5. 挤出袋内的空气后密封，继续腌渍 30 分钟，控干水分后装盘。

香草德式酸菜

偶尔尝尝不一样的味道

🕐 腌渍时间：3 小时　　🗄 保存时间：冷藏 3~4 天

| 材料 |

卷心菜……400 克
白葡萄酒……1 大匙
小茴香……1/2 小匙
盐……2/3 大匙

| 制作方法 |

1. 将卷心菜切成较细的丝。

2. 将切好的卷心菜放入保鲜袋中，加入盐、白葡萄酒、小茴香。

3. 隔着袋子轻轻揉搓，使调味料与食材充分混合，然后挤出所有空气，密封起来。

4. 腌渍 3 小时，轻轻挤干水分后装盘。

香橙萝卜腌海带丝

会搭配，普通的食材也能让人眼前一亮

🕐 腌渍时间：1 小时 30 分钟　　🗄 保存时间：冷藏 2~3 天

| 材料 |

白萝卜……400 克

橙子……1 个

海带丝……50 克

盐……1.5 小匙

| 制作方法 |

1. 白萝卜去皮，纵切成 4 等份，再切成约 1 厘米厚的扇形片。

2. 橙子对切成 4 等份，挤出橙汁，备用。再将挤过汁的橙子切成约 2 厘米厚的扇形块。

3. 海带丝切成 3~4 厘米长的段。

4. 将白萝卜、橙子、海带丝放入保鲜袋中，加入盐、橙汁。

5. 隔着袋子轻轻揉搓，使调味料与食材充分混合，然后挤出所有空气，密封起来。

6. 腌渍 1 小时 30 分钟，将食材控干水分后装盘。

脆咸萝卜干

人人都爱吃的百搭腌菜

🕐 腌渍时间：30 分钟　　🗄 保存时间：冷藏 1 天

| 材料 |

风干萝卜……60 克
白芝麻……1 大匙
酱油……2 大匙
白砂糖……1 大匙
小米椒……1 个

| 制作方法 |

1. 将风干的萝卜放入热水中浸泡至变软，捞出凉凉后挤干水分。

2. 萝卜干切成小丁块。小米椒切成 3~4 段。

3. 将处理好的萝卜干放入保鲜袋中，加入小米椒、酱油、白砂糖。

4. 隔着袋子轻轻揉搓，使调味料与食材充分混合，然后挤出所有空气，密封起来。

5. 腌渍 30 分钟，装盘，撒上白芝麻拌匀即可。

酒腌萝卜

一口吃到"烧酒配萝卜"的畅爽

🕐 腌渍时间：半天　　📁 保存时间：冷藏 3~4 天

| 材料 |

白萝卜……500 克

低度白酒……2 大匙

米醋……1.5 大匙

盐……2 小匙

白砂糖……60 克

| 制作方法 |

1. 白萝卜去皮，对半纵切开，再切成较小的滚刀块。

2. 将切好的白萝卜放入保鲜袋中，加入盐、白砂糖、米醋、白酒。

3. 隔着袋子轻轻揉搓，使调味料与食材充分混合，然后挤出所有空气，密封起来。

4. 腌渍半天，将食材控干水分后装盘。

小鱼干腌菜心

加点小鱼干，味道和营养都加倍

🕐 腌渍时间：3~4 小时　　📦 保存时间：冷藏 2~3 天

| 材料 |

菜心……1 把（20 克）

蒸鱼豉油……1 大匙

小鱼干……7~8 条

盐……1 小匙

| 制作方法 |

1. 锅中倒入适量清水煮沸，下入菜心，焯煮至断生，捞出，凉凉后挤干水分，切成 3~4 厘米长的段。

2. 将处理好的菜心放入保鲜袋中，加入小鱼干、蒸鱼豉油、盐。

3. 隔着袋子轻轻揉搓，使调味料与食材充分混合，然后挤出所有空气，密封起来。

4. 腌渍 3~4 小时，轻轻挤干水分后装盘。

盐渍豆苗海带丝

补充矿物质和维生素，帮助身体排毒

🕐 腌渍时间: 2~3 小时　　📦 保存时间: 冷藏 2~3 天

| 材料 |

豆苗……1 盒（200 克）

海带丝……50 克

酱油……1 大匙

醋……1 小匙

小米椒……1 个

盐……1 小匙

| 制作方法 |

1. 豆苗洗净后挤去水分。海带丝切成和豆苗差不多长的段。小米椒切成 4~5 段。

2. 将豆苗、海带丝、小米椒放入保鲜袋中，加入酱油、醋、盐。

3. 隔着袋子轻轻揉搓，使调味料与食材充分混合，然后挤出所有空气，密封起来。

4. 腌渍 2~3 小时，轻轻挤干水分后装盘。

辣味香橙腌白菜

甜辣中带着淡淡的橙香

🕐 腌渍时间：1~2 小时　　🗂 保存时间：冷藏 3~4 天

| 材料 |

白菜……500 克

橙子……1 个

海带丝……20 克

小米椒……1 个

盐……2 小匙

| 制作方法 |

1. 白菜切成粗丝。海带丝切成段。小米椒切成 4~5 段。

2. 橙子取橙皮，切成粗丝，将剩下的橙肉挤出橙汁。

3. 将白菜、海带丝、橙皮、小米椒放入保鲜袋中，加入挤好的橙汁、盐。

4. 隔着袋子轻轻揉搓，使调味料与食材充分混合，然后挤出所有空气，密封起来。

5. 腌渍 1~2 小时，轻轻挤干水分后装盘。

Part 2

风味各异的
简单腌菜

吃腻了味道千篇一律的腌菜，
想来点创新？
咸鲜味、酸辣味、甜味、
酱香味、芥末味……
让腌渍美味不再单调！

腌萝卜彩椒丝

常吃含胡萝卜素的橙黄色蔬菜，保护眼睛

🕐 腌渍时间：1~2 天　　🗄 保存时间：冷藏 2 周

| 材料 |

白萝卜……200 克
黄柿子椒……1 个（50 克）
红柿子椒……1 个（50 克）
白醋……1/4 杯

盐……2 小匙
胡椒粒……1/2 小匙
香叶……2 片

| 制作方法 |

1. 白萝卜去皮，切成粗丝。黄柿子椒、红柿子椒对半切开，挖去瓤和籽，切成粗丝。

2. 将切好的白萝卜放入碗中，撒上一半盐，搅拌均匀，腌渍 10 分钟。

3. 用水将白萝卜表面的盐洗掉，轻轻挤干水分。

4. 锅中倒入适量清水，加入另一半盐、白醋、胡椒粒、香叶，煮沸后关火。

5. 把处理好的白萝卜和切好的黄柿子椒、红柿子椒混合均匀，放入容器中。

6. 倒入煮好的腌菜汁，盖上盖子，冷却后放入冰箱冷藏，腌渍 1~2 天即可。

腌胡萝卜芹菜

利用柠檬和果醋的清香，提升口感

🕐 腌渍时间：1~2 天　　🗄 保存时间：冷藏 2 周

| 材料 |

芹菜……5 根（200 克）

胡萝卜……1 根（80 克）

苹果醋……1 杯

盐……1 小匙

香叶……1 片

柠檬……1/2 个

胡椒粒……1 小匙

| 制作方法 |

1. 芹菜撕去老筋，切成 4 厘米长的段。

2. 胡萝卜去皮，切成与芹菜一样长的粗条。

3. 柠檬切成薄的圆片，每片再切成 4 等份。

4. 锅中倒入适量清水，加入香叶、胡椒粒、柠檬片、苹果醋、盐，煮沸后关火。

5. 把切好的芹菜和胡萝卜混合均匀，放入容器中。

6. 倒入煮好的腌菜汁，盖上盖子，冷却后放入冰箱冷藏，腌渍 1~2 天即可。

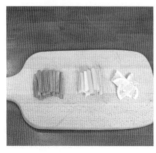

清爽
风味

No.34

腌双色甘蓝

甘蓝含有对身体有益的硫元素，生食更佳

🕐 腌渍时间：1~2 天　　📱 保存时间：冷藏 2 周

| 材料 |

卷心菜……1/2 棵（150 克）

紫甘蓝……1/2 棵（150 克）

小米椒……2 个

米醋……1/4 杯

盐……1 小匙

胡椒粒…… 1 小匙

| 制作方法 |

1. 卷心菜和紫甘蓝剥去外层的老叶片，再一片一片地撕开。

2. 取一片紫甘蓝叶，再取一片卷心菜叶，叠放在一起，切成大小适宜的方形片。这样将所有的食材切成等大的片。

3. 锅中倒入适量清水，加入米醋、胡椒粒、小米椒、盐，煮沸后关火。

4. 将卷心菜片和紫甘蓝片一层一层整齐地码放进容器中，尽量不留空隙。

5. 倒入冷却的腌菜汁，盖上盖子，放入冰箱冷藏，腌渍1~2 天即可。

清爽
风味

莴笋海带腌娃娃菜

利用海带的鲜味，提升其他蔬菜的风味

🕐 腌渍时间：1 天　　📦 保存时间：冷藏 1 周

| 材料 |

娃娃菜……80 克

莴笋……100 克

海带……30 克

米醋……1/2 杯

盐……2 小匙

| 制作方法 |

1. 将娃娃菜的菜帮和菜叶切开，菜帮切成条，菜叶切成片。

2. 莴笋去皮，切成条。海带切成小方块。

3. 把娃娃菜的菜帮放入碗中，锅中加入 1 小匙盐和 2 杯水煮沸，倒入碗中，静置 10 分钟。再将菜叶也放入碗中，继续静置 10 分种，中途可搅拌 2 次。

4. 将娃娃菜捞出，轻轻挤干水分，与切好的莴笋条、海带片一起拌匀，装入容器中。

5. 锅中倒入适量清水，加入米醋、剩下的盐，煮沸后关火。

6. 将煮好的腌菜汁倒入容器中，盖上盖子，冷却后放入冰箱冷藏，腌渍 1 天即可。

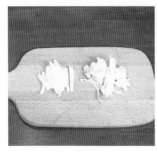

清爽风味

辣椒腌黄瓜卷心菜

脆爽的三色腌菜，开胃解腻

 腌渍时间：2天　　保存时间：冷藏1周

| 材料 |

卷心菜……1/2棵（150克）
黄瓜……1根（200克）
红尖椒……1个
白醋……3大匙
盐……2小匙
冰糖……1小匙

| 制作方法 |

1. 将卷心菜一片一片撕开，切成大小适宜的方形片。

2. 黄瓜切成粗条。红尖椒去瓤和籽，切成菱形的片。

3. 把切好的卷心菜和黄瓜放入一个碗中，加入1小匙盐，搓揉出水，放至软化后冲洗掉表面的盐分，挤干。

4. 将处理好的卷心菜、黄瓜、红尖椒一起放入碗中，加入冰糖、白醋、剩下的盐，混合均匀，倒入玻璃罐中。

5. 盖上盖子，放入冰箱冷藏，腌渍2天即可。

清爽风味

No.37

豆芽芹菜腌海带

轻松补充膳食纤维，顺畅排毒

腌渍时间：1~2 天　　保存时间：冷藏 1 周

| 材料 |

黄豆芽……100 克

芹菜……100 克

干海带……5 克

酱油……2 小匙

盐……1 小匙

白砂糖……1 小匙

黄酒……2 小匙

橄榄油……1 小匙

| 制作方法 |

1. 芹菜切成 4 厘米长的段。干海带泡发，切成小块。

2. 锅中注入适量清水烧开，放入黄豆芽、芹菜、海带，焯至断生，捞出，沥干水分，凉凉。

3. 锅中重新倒入适量清水，加入酱油、黄酒、盐、白砂糖、橄榄油，煮沸后关火。

4. 将黄豆芽、芹菜、海带放入玻璃罐中，倒入腌菜汁。

5. 盖上盖子，放入冰箱冷藏，腌渍 1~2 天即可。

No.38

爽口腌西芹莲藕

夏季少不了的美味搭配，消暑清心

🕐 腌渍时间：3~4 天　　🧊 保存时间：冷藏 2 周

| 材料 |

莲藕……150 克　　　　　　　盐……1 小匙

西芹……1 根（100 克）　　　白砂糖……1 小匙

红尖椒……1 个　　　　　　　香叶……1 片

米醋……1/2 杯　　　　　　　胡椒粒……1/2 小匙

| 制作方法 |

1. 莲藕去皮，切成 0.5 厘米厚的圆片，再切成半圆片。

2. 红尖椒切成圈。西芹撕去老筋，切成菱形段。

3. 把莲藕放入沸水中焯 2 分钟，捞出过一遍凉水，沥干水分。

4. 在锅中倒入 3/4 杯水，加入米醋、香叶、胡椒粒、盐、白砂糖，煮沸后关火。

5. 把莲藕、西芹、红尖椒混合在一起，放入容器中，倒入煮好的腌菜汁。

6. 盖上盖子，冷却后放入冰箱冷藏，腌渍 3~4 天即可。

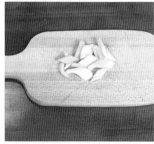

清爽
风味

洋葱腌樱桃萝卜

与众不同的辛辣味道，增进食欲

🕐 腌渍时间：2~3 天　　📦 保存时间：冷藏 2 周

| 材料 |

樱桃萝卜……15 个
洋葱……1 个
陈醋……1/4 杯
盐…… 2 小匙
白砂糖……1 小匙
香叶……1 片
胡椒粒……1 小匙

| 制作方法 |

1. 樱桃萝卜洗净，充分晾干。

2. 洋葱切去头尾两端，再切成小方块，用手掰成片。

3. 锅中倒入 1 杯水，加入陈醋、香叶、胡椒粒、盐、白砂糖，煮沸后关火。

4. 把切好的洋葱和樱桃萝卜混合在一起，放入容器中。

5. 倒入冷却的腌菜汁，盖上盖子，放入冰箱冷藏，腌渍2~3 天即可。

清爽
风味

油渍秋葵玉米笋

浓郁的迷迭香味道，适合搭配肉食

⊙ 腌渍时间：7 天　　▯ 保存时间：冷藏 3~4 周

| 材料 |

秋葵……100 克

玉米笋……100 克

新鲜迷迭香……1 枝

盐……2 小匙

橄榄油……2 大匙

香叶……2 片

| 制作方法 |

1. 秋葵洗净，用少许盐搓去表面的茸毛。

2. 锅中倒入适量清水烧开，加入 1 小匙盐，放入秋葵、玉米笋，焯煮至断生，捞出，沥干水分。

3. 将迷迭香的叶子摘下，洗净，用厨房纸巾吸干，和剩下的盐、橄榄油一起拌匀，即成迷迭香油。

4. 锅中倒入 1 杯水，放入香叶，煮沸后关火，待放凉后加入迷迭香油，搅拌均匀。

5. 将玉米笋、秋葵整齐地码放进容器中，尽量不留缝隙。

6. 倒入做好的腌菜汁，盖上盖子，放入冰箱冷藏，腌渍 7 天即可。

清爽

No.41

酱油腌脆山药

用酱油突出山药的鲜脆，加点醋更美味

🕐 腌渍时间：1 小时 30 分钟　　📦 保存时间：冷藏 2~3 天

| 材料 |

脆山药……1 根（300 克）
酱油……1 大匙
醋……1 小匙
盐……1/2 小匙

| 制作方法 |

1. 山药去皮，纵切成 4 等份，再切成 5 厘米长的段。

2. 将切好的山药放入保鲜袋中，加入盐、醋、半杯水，挤出袋中的空气后密封，腌渍 1 小时。

3. 倒出保鲜袋内的水，再向袋中加入酱油。

4. 轻轻搓揉保鲜袋，使调味料与食材充分混合，挤出空气后密封起来。

5. 继续腌渍至少 30 分钟，取出山药装盘。

酱油
风味

酱油腌辣椒

带着酱油香的辣椒，才是家乡味

🕐 腌渍时间：3~4 天　📦 保存时间：冷藏 3~4 周

| 材料 |

青尖椒……20 个
酱油……1/2 杯
酸梅汁……1/4 杯
白砂糖……2 大匙

| 制作方法 |

1. 青尖椒洗净后充分晾干，切去蒂，再斜刀切成 3~4 厘米长的段。

2. 锅中倒入少许清水，再加入酱油、酸梅汁、白砂糖，煮沸后关火。

3. 把处理好的青尖椒放进容器中，尽量不要留缝隙。

4. 倒入冷却的腌菜汁，盖上盖子，放入冰箱冷藏，腌渍 3~4 天即可。

椒香腌杂菇

黑胡椒与菌菇才是绝配，口口有嚼劲

🕐 腌渍时间：1 天 　 🗄 保存时间：冷藏 2 周

| 材料 |

香菇……50 克

杏鲍菇……50 克

金针菇……50 克

蟹味菇……50 克

蒜末……2 小匙

酱油……1/4 杯

米醋……1 大匙

料酒……1 大匙

橄榄油……3 大匙

黑胡椒碎……1/2 小匙

盐……2 小匙

| 制作方法 |

1. 金针菇、蟹味菇分别切去根部，用手撕开。

2. 香菇切成 0.5 厘米厚的片。杏鲍菇切成与香菇同样大小的片。

3. 炒锅中倒入 2 大匙橄榄油，放入蒜末炒香，再放入切好的菌菇，加 1 小匙盐、黑胡椒碎，翻炒均匀。

4. 汤锅中倒入适量清水，加入酱油、米醋、料酒、剩下的盐和橄榄油，煮沸后关火。

5. 将煮好的腌菜汁倒入炒好的菌菇中，搅拌均匀，放至冷却。

6. 把菌菇和腌菜汁一起倒入容器中，盖上盖子，放入冰箱冷藏，腌渍 1 天即可。

糖渍栗子

清甜诱人，板栗的不一样吃法

⏱ 腌渍时间：3~4 天　　🗄 保存时间：冷藏 2~3 周

| 材料 |

去皮栗子……300 克
盐……1 小匙
冰糖……2 大匙
米醋……1 小匙
米酒……1 小匙

| 制作方法 |

1. 栗子洗净后放入锅中，加适量清水，大火煮沸后转小火，焖煮 15 分钟。

2. 加入盐、冰糖、米醋、米酒，再次煮沸后转小火续煮 5 分钟，关火，放凉。

3. 将栗子和腌菜汁一起倒入玻璃罐中，盖上盖子，放入冰箱冷藏，腌渍 3~4 天即可。

果醋渍甜菜根

甜菜根适合做腌菜，简单调味就很美味

🕐 腌渍时间：2~3天　　📦 保存时间：冷藏2周

| 材料 |

甜菜根……1个（200克）

白砂糖……3大匙

苹果醋……1杯

| 制作方法 |

1. 甜菜根洗净泥沙，削去皮，切成粗条，再改切成菱形片。

2. 锅中倒入苹果醋、白砂糖，煮至白砂糖完全溶化。

3. 把切好的甜菜根放进玻璃罐中。

4. 倒入冷却的腌菜汁，盖上盖子，放入冰箱冷藏，腌渍2~3天即可。

蜂蜜腌西红柿

去掉皮的西红柿更水嫩，也更易入味

🕐 腌渍时间：1 天　　🗄 保存时间：冷藏 2 周

| 材料 |

西红柿……2 个（300 克）
洋葱……1/2 个（100 克）
白醋……1/2 杯
盐……2 小匙
香叶……1 片
蜂蜜……1 大匙

| 制作方法 |

1. 在西红柿表皮划十字刀，放入沸水中略煮几秒，迅速捞出放入冷水中，待表皮翘起后将表皮撕去。

2. 将去皮的西红柿切成瓣。洋葱对切开，纵切成 1 厘米宽的瓣，再切成方形块，用手撕成片。

3. 锅中倒入适量清水，加入白醋、香叶、盐，煮沸后关火，稍微冷却后放入蜂蜜，搅匀。

4. 把切好的西红柿和洋葱混合在一起，放入容器中。

5. 倒入煮好的腌菜汁，盖上盖子，冷却后放入冰箱中冷藏，腌渍 1 天即可。

糖醋
风味

糖醋四季豆

通过冰水浸泡，让四季豆更加清脆

腌渍时间：2~3 天　　保存时间：冷藏 2 周

材料

四季豆……200 克
白芝麻……1/2 小匙
黑芝麻……1/2 小匙
白醋……1 大匙

酱油……2 小匙
盐……2 小匙
白砂糖……1 大匙

制作方法

1. 四季豆掐去头尾两端，撕除两侧的纤维，每根折成两段。

2. 锅中倒入适量清水烧开，加入 1 小匙盐，倒入四季豆，焯煮至断生后捞出。

3. 将四季豆放入冰水中，浸泡 5 分钟，捞出，沥干水分。

4. 锅中倒入少许清水，加入白醋、酱油、白砂糖、剩下的盐，煮沸后关火。

5. 把处理好的四季豆放入容器中，倒入冷却的腌菜汁，撒上白芝麻和黑芝麻。

6. 盖上盖子，放入冰箱中冷藏，腌渍 2~3 天即可。

糖醋
风味

糖渍莲子百合

一口吃进夏天的味道，清心安神

🕐 腌渍时间：1~2 天　　🗄 保存时间：冷藏 2~3 周

| 材料 |

鲜莲子……100 克
鲜百合……1 个
盐……2 小匙
白砂糖……3 大匙
白醋……3 大匙

| 制作方法 |

1. 鲜莲子剥去绿色的皮。鲜百合剥成一片一片的。

2. 锅中倒入适量清水烧开，放入百合，用大火煮滚，转小火焖煮 5 分钟。

3. 加入盐、白砂糖、白醋，再次煮沸后关火，倒入莲子拌匀。

4. 待煮好的材料放凉后，倒入玻璃罐中。

5. 盖上盖子，放入冰箱中冷藏，腌渍 1~2 天即可。

糖醋
风味

醋梅腌圣女果

充当下午茶小零食，营养美味

🕐 腌渍时间：3~4 天　　🗄 保存时间：冷藏 2~3 周

| 材料 |

圣女果……200 克
黄柿子椒……1 个（50 克）
白醋……3 大匙
白砂糖……3 大匙
梅干……3 颗

| 制作方法 |

1.圣女果去蒂，底部用刀划一道。黄柿子椒去蒂，对半切开，挖去瓤和籽。

2.锅中倒入适量清水烧开，放入处理好的圣女果、黄柿子椒，焯片刻，捞出泡入冷水中。

3.从外皮翘起处将圣女果的皮剥掉，黄柿子椒切成菱形片。

4.锅中倒入 1 杯水，加入白醋、白砂糖，煮至糖溶化，放入梅干煮至出味。

5.将圣女果和黄柿子椒混合在一起，放入玻璃罐中。

6.倒入煮好的腌菜汁，盖上盖子，冷却后放入冰箱中冷藏，腌渍 3~4 天即可。

糖醋
风味

果醋腌彩椒黄瓜

微辣的味道，属于记忆中的腌菜

🕐 腌渍时间：1 天　　📅 保存时间：冷藏 2 周

┃材料┃

黄瓜……1 根

黄柿子椒……1/2 个

红尖椒……1 个

大蒜……1 瓣

苹果醋……2/3 杯

白砂糖…… 1 大匙

盐…… 2 小匙

┃制作方法┃

1. 黄瓜切除两端，再切成长短适宜的段，改切成粗条。

2. 黄柿子椒去掉蒂，对半切开，挖去瓤和籽，切成与黄瓜差不多长短的条。

3. 红尖椒去蒂，切成圈。大蒜剥去皮，拍碎。

4. 把 1/3 杯水倒入一个大碗中，加入苹果醋、白砂糖、盐，覆上保鲜膜，放入微波炉中加热约 3 分钟后取出，放凉。

5. 把切好的蔬菜混合在一起，放入容器中。

6. 将腌菜汁倒进容器，盖上盖子，放入冰箱中冷藏，腌渍 1 天即可。

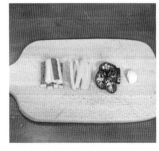

酸辣娃娃菜

米醋不加热，腌出的菜酸味更足

🕐 腌渍时间：1~2 天　　🗄 保存时间：冷藏 2 周

| 材料 |

娃娃菜……250 克
小米椒……2 个
米醋……2 大匙
白砂糖……2 大匙
盐……1 小匙

| 制作方法 |

1. 娃娃菜用手撕开，洗净沥干，加入 1/4 小匙盐，用手充分抹匀，静置 10 分钟。

2. 小米椒去蒂，切成圈。

3. 锅中倒入少许清水，加入白砂糖、盐，煮沸后关火，再加入米醋，搅拌均匀。

4. 将娃娃菜轻轻挤干水分，放入容器中。

5. 倒入冷却的腌菜汁，再放入小米椒圈。

6. 盖上盖子，放入冰箱中冷藏，腌渍 1~2 天即可。

酸辣
风味

酸辣大蒜

用柠檬增加天然的酸味，滋味独特

🕐 腌渍时间：2~3 天　　🧊 保存时间：冷藏 3~4 周

| 材料 |

大蒜……200 克
青尖椒……1 个
小米椒……1 个
干辣椒……1 个
苹果醋……1 杯

白砂糖……2 大匙
盐……1/2 大匙
香叶……2 片
柠檬……1 片
胡椒粒……1/2 小匙

| 制作方法 |

1. 大蒜剥去皮。青尖椒去蒂，切成 0.5 厘米宽的圈。干辣椒剪成 0.5 厘米宽的小段。

2. 锅中倒入苹果醋，放入白砂糖、盐、香叶、胡椒粒、柠檬、小米椒，煮沸后关火。

3. 把大蒜、青尖椒、干辣椒混合在一起，放入容器中。

4. 倒入稍微凉凉的腌菜汁，盖上盖子，冷却后放入冰箱中冷藏，腌 2~3 天即可。

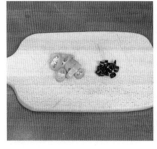  

酸辣
风味

剁椒腌蒜薹

让剁椒的香辣味慢慢浸入蒜薹

🕐 腌渍时间: 2~3 天　　🗄 保存时间: 冷藏 2~3 周

| 材料 |

蒜薹……15 根
苹果醋……1 杯
白砂糖……1 大匙
新鲜茴香……1 根
盐……1/2 小匙
柠檬……1/2 个
胡椒粒……1 小匙
剁椒……2 小匙

| 制作方法 |

1. 蒜薹去除老茎和花苞，备用。

2. 锅中倒入半 1/2 杯清水，加入苹果醋、白砂糖、盐、胡椒粒、剁椒，放入新鲜茴香、柠檬，煮沸后关火。

3. 把蒜薹卷成环形放入容器中。若蒜薹伸出瓶外，可以用叉子或筷子按压。

4. 把腌菜汁倒入容器中，盖上盖子，冷却后放入冰箱中冷藏，腌渍 2~3 天即可。

酸辣
风味

酸辣豆角

香辣下饭，腌得越久越美味

🕑 腌渍时间：2~3 天　　📦 保存时间：冷藏 2 周

| 材料 |

豆角……300 克
红尖椒……1 个
花椒……1 小匙
盐……适量
白砂糖……适量
醋……2 大匙

| 制作方法 |

1. 豆角掐去头尾两端，切成 4~5 厘米长的段。红尖椒去蒂，切成圈。

2. 锅中倒入适量清水烧开，放入切好的豆角，焯煮至熟，捞出，沥干水分。

3. 另起锅，倒入少许清水，加入盐、白砂糖、醋、花椒，煮沸后关火。

4. 将豆角、红尖椒放入容器中，倒入放凉的腌菜汁。

5. 盖上盖子，放入冰箱中冷藏，腌渍 2~3 天即可。

豆酱腌牛蒡西芹

高膳食纤维的搭配，美味又营养

🕐 腌渍时间：4~5 小时　　🗄 保存时间：冷藏 1 周

| 材料 |

牛蒡……1 根（200 克）
西芹……2~3 根（200 克）
黄豆酱……3 大匙
盐……1 小匙

| 制作方法 |

1. 牛蒡刮去表层的皮，切成与保鲜袋宽度差不多的长段。西芹切成与牛蒡一样长的段。

2. 锅中注入适量清水烧开，加入盐，放入切好的牛蒡、西芹，焯煮至断生，捞出过一遍凉水。

3. 将西芹表面的老皮和老筋撕掉，然后挤干所有食材上的水分。

4. 将处理好的牛蒡、西芹放入保鲜袋中，加入黄豆酱。

5. 轻轻搓揉保鲜袋，使调味料与食材充分混合，挤出空气后密封起来。

6. 腌渍 4~5 小时，取出腌好的食材，改切成片，装盘即可。

酱香
风味

豆酱腌夏南瓜

微甜的味道，酱香十足

🕐 腌渍时间：1 天　　🧊 保存时间：冷藏 3~4 天

| 材料 |

夏南瓜……500 克
黄豆酱……3 大匙

| 制作方法 |

1. 夏南瓜挖去瓤和籽，切成约 1 厘米厚的小块。

2. 锅中倒入适量清水烧开，放入切好的南瓜，焯煮至断生，捞出，沥干水分。

3. 待南瓜凉凉后将其放入保鲜袋中，加入黄豆酱。

4. 轻轻搓揉保鲜袋，使调味料与食材充分混合，挤出空气后密封起来。

5. 腌渍 1 天后，取出南瓜装盘。

酱香
风味

芝麻酱腌茄子

拌点蒜泥，就是一道小凉菜

🕐 腌渍时间：1 小时 30 分钟　　📦 保存时间：冷藏 1~2 天

| 材料 |

紫茄子……1 个

芝麻酱……1 大匙

酱油……1 小匙

盐……1.5 大匙

白砂糖……1/2 小匙

| 制作方法 |

1. 紫茄子去蒂，对半纵切开，再切成 1 厘米厚的片，放入沸水中焯至断生，捞出，沥干水分。

2. 将凉凉的茄子放入保鲜袋中，加入盐和 1/2 杯水，挤出袋内的空气，密封腌渍 1 小时。

3. 隔着保鲜袋将茄子中的水分挤干、倒出。

4. 在保鲜袋中加入芝麻酱、酱油、白砂糖。

5. 轻轻搓揉保鲜袋，使调味料与食材充分混合，挤出空气后密封起来，静置 30 分钟入味。

6. 取出腌好的茄子，装盘即可。

甜辣酱腌苦瓜

甜辣的口感，让苦瓜华丽变身

🕐 腌渍时间：2 小时　　🗄 保存时间：冷藏 2~3 天

｜材料｜

苦瓜……1 根（200 克）
姜……1 小块
白芝麻……1 小匙
甜辣酱……1 大匙
盐……1 小匙

｜制作方法｜

1.苦瓜对半纵切开，挖去籽和瓤，再切成薄片。姜切成细丝。

2.将切好的苦瓜放入保鲜袋中，加入盐，揉搓均匀，挤出空气后密封，腌渍 1 小时。

3.倒出保鲜袋中的水分，加入姜丝、甜辣酱。

4.轻轻搓揉保鲜袋，使调味料与食材充分混合，挤出空气后密封起来，静置 1 小时入味。

5.取出腌好的菜装盘，撒上白芝麻拌匀即可。

酱香
风味

芥末豆酱腌山药

料理中必不可少的小菜，四季常备

🕐 腌渍时间：1 小时 30 分钟　　📋 保存时间：冷藏 1 天

| 材料 |

山药……200 克
黄芥末酱……1 大匙
黄豆酱……1/2 大匙
盐……1 小匙

| 制作方法 |

1. 山药去皮，切成 1 厘米厚的片，再次清洗干净备用。

2. 将山药片放入保鲜袋中，加入盐，揉搓均匀，挤出空气后密封，腌渍 30 分钟。

3. 倒出保鲜袋中的水分，加入黄芥末酱、黄豆酱。

4. 轻轻搓揉保鲜袋，使调味料与食材充分混合，挤出空气后密封起来，静置 1 小时入味。

5. 取出腌好的山药，装盘即可。

芥末风味

芥末腌紫茄子

黄豆酱和黄芥末酱的风味很搭配

🕐 腌渍时间：2 天　　🗄 保存时间：冷藏 1 周

| 材料 |

紫茄子……300 克

黄芥末酱……1 大匙

黄豆酱……2 大匙

盐……1.5 大匙

白砂糖……1 大匙

| 制作方法 |

1. 紫茄子切去蒂，对半纵切开，再改切成滚刀块。

2. 将茄子下入沸水中焯至断生，捞出，沥干水分，凉凉。

3. 将处理好的茄子放入保鲜袋中，加入盐和 1 杯水，挤出空气后密封起来，放入冰箱中腌 2 天。

4. 取出茄子，用水洗干净后挤干水分，装入另一个保鲜袋中，加入黄芥末酱、黄豆酱、白砂糖。

5. 轻轻搓揉保鲜袋，使调味料与食材充分混合，挤出空气后密封起来，静置 1 小时以上入味。

6. 取出腌好的茄子，装盘即可。

芥末
风味

黄芥末腌莲藕

莲藕是个宝，腌渍生吃更营养

🕐 腌渍时间：2 小时　　📦 保存时间：冷藏 1 周

| 材料 |

莲藕……200 克
黄芥末酱……1 大匙
千岛酱……1 大匙
醋……1 大匙
盐……1.5 小匙
白砂糖……1 小匙

| 制作方法 |

1. 莲藕去皮，切成不规则的小块。

2. 锅中注入适量清水烧开，加入醋、1 小匙盐，放入切好的莲藕，焯煮约 1 分钟，捞出，沥干水分。

3. 将处理好的莲藕放入保鲜袋中，加入剩下的盐，揉搓均匀，挤出空气后密封，腌渍 1 小时。

4. 倒出保鲜袋中的水分，加入黄芥末酱、千岛酱、白砂糖。

5. 轻轻搓揉保鲜袋，使调味料与食材充分混合，挤出空气后密封起来，静置 1 小时入味。

6. 取出腌好的莲藕，装盘即可。

芥末
风味

橘子香醋萝卜

橘子和白萝卜搭配，辛辣中带着一丝清甜

🕐 腌渍时间：2~3 天　　📋 保存时间：冷藏 2 周

| 材料 |

白萝卜……200 克

橘子……1 个

盐……1 小匙

水果醋……1/4 杯

酱油…… 1 小匙

柠檬汁……1 大匙

碎冰糖……2 大匙

| 制作方法 |

1.白萝卜去皮，对切成两半，再切成滚刀片。

2.将白萝卜放入碗中，加入盐，用手抓拌均匀，静置半小时。

3.用凉开水将白萝卜表面的盐分冲洗干净，然后沥干，放入碗中。

3.橘子去皮，掰成瓣，放入碗中，加入水果醋、酱油、柠檬汁、碎冰糖，用手抓拌均匀。

4.将拌好的材料和腌菜汁一起倒入玻璃罐中，盖上盖子，放入冰箱中冷藏，腌渍 2~3 天即可。

特色
风味

香橙腌冬瓜

给冬瓜加点果香味，清爽开胃

🕐 腌渍时间：1~2 天   📦 保存时间：冷藏 2 周

| 材料 |

冬瓜……300 克

橙子……1 个

薄荷叶……5 片

水果醋……1 杯

白砂糖……2 大匙

| 制作方法 |

1. 冬瓜连皮一起切成 2 厘米见方的小方块。

2. 橙子取皮切成粗条，果肉挤出果汁，备用。

3. 锅中倒入适量清水烧开，放入切好的冬瓜，焯煮约 1 分钟，捞起后泡在冰水里。

4. 锅中倒入水果醋，放入白砂糖，小火煮至糖溶化后关火，加入橙汁拌匀。

5. 将冬瓜从冰水中捞出，沥干水分，放入玻璃罐中，再放入橙皮。

6. 倒入煮好的腌菜汁，再放入薄荷叶，放入冰箱中冷藏，腌渍 1~2 天即可。

三色红枣腌菜

腌菜中加入红枣和枸杞，天然滋补

🕐 腌渍时间：1~2 天　　📦 保存时间：冷藏 2 周

| 材料 |

红枣……7~8 颗　　　　　　　红尖椒……1 个

枸杞……1 小把（20 克）　　盐……2 小匙

胡萝卜……150 克　　　　　　白砂糖……1 大匙

白萝卜……200 克　　　　　　米酒……1 杯

小黄瓜……1 根　　　　　　　白醋……2 大匙

| 制作方法 |

1. 胡萝卜、白萝卜去皮，切成 2 厘米见方的小方块，放入碗中，加入 1 小匙盐，用手抓匀，静置 30 分钟。

2. 小黄瓜切成片。红尖椒去蒂，切成圈。

3. 用清水洗去白萝卜表面的盐，沥干水分。

4. 锅中倒入米酒、白醋、白砂糖、剩下的盐，放入红枣、枸杞，大火煮沸后转小火煮 10 分钟，熄火，凉凉。

5. 将处理好的白萝卜与小黄瓜、红尖椒一起倒入玻璃罐中。

6. 倒入放凉的腌菜汁，盖上盖子，放入冰箱中冷藏，腌渍 1~2 天即可。

特色
风味

柴鱼干腌洋葱

用柴鱼干和酱油打造独特风味

⏱ 腌渍时间：2~3 天　　🗄 保存时间：冷藏 3~4 周

| 材料 |

洋葱……1 个（200 克）
柴鱼干……50 克
黑芝麻……1 小匙
白芝麻……1 小匙
酱油……1 大匙
碎冰糖……2 小匙
白醋……1 大匙

| 制作方法 |

1. 洋葱对半切开，再横切成 0.5 厘米宽的瓣，用手掰开即成丝，放入冰水中泡 2 分钟，取出，用厨房纸巾吸干水分。

2. 柴鱼干用手撕成小片，备用。

3. 取一个碗，倒入酱油、白醋、碎冰糖，搅拌均匀，制成腌菜汁。

4. 将处理好的洋葱丝放入玻璃罐中，倒入腌菜汁，再放入柴鱼干和黑芝麻、白芝麻。

5. 盖上盖子，放入冰箱中冷藏，腌渍 2~3 天即可。

鲜辣黄瓜

辛辣味十足的腌黄瓜，令人食指大动

🕐 腌渍时间：1天　　📦 保存时间：冷藏 3~4 天

| 材料 |

黄瓜……4根
白萝卜……80克
红辣椒……1个
虾皮……15克
蒜末……1小匙

姜末……1小匙
葱……1/2 根
辣椒粉……3 小匙
盐……1.5 大匙
白砂糖……2 小匙

| 制作方法 |

1.黄瓜撒上1大匙盐，用力揉搓，静置1小时让其变软。

2.把腌好的黄瓜洗去盐，切掉两头，再切成长度相同的两段。在每一段的两端分别留出1厘米左右的距离，竖着切下一刀，使每段黄瓜中间有一条缝。

3.葱切成4厘米的段，再切成细丝。白萝卜去皮，切成4厘米长的细丝。红辣椒切成3厘米长的细丝。

4.虾皮切末，和葱丝、白萝卜丝、红辣椒丝一起放入碗中，加入蒜末、姜末、辣椒粉、白砂糖、剩下的盐，拌匀。

5.把拌好的菜塞入黄瓜的切口中，装入容器中，再倒入剩余的拌菜及半杯白开水，盖上盖子，腌1天左右即可。

No.67

桂皮腌红薯

冬天也适合吃的腌菜，美味又祛寒

🕐 腌渍时间：3~4 天　　📦 保存时间：冷藏 2~3 周

| 材料 |

红薯……1 个（200 克）

陈醋……1/2 杯

白砂糖……3 大匙

桂皮……1 根

盐……2 小匙

| 制作方法 |

1. 红薯切成 0.5 厘米厚的片，放入盐水中浸泡 10 分钟，去除表面的淀粉，然后用清水洗净并沥干。

2. 锅中倒入 1 杯水，再加入陈醋、盐、白砂糖、桂皮，煮至白砂糖完全溶化后关火。

3. 把红薯整齐地放入容器中，倒入热的腌菜汁。

4. 盖上盖子，冷却后放入冰箱中冷藏，腌渍 3~4 天即可。